Martin Schneider

Kaliumdüngung auf leichten Böden

GRIN Verlag

Bibliografische Information der Deutschen Nationalbibliothek:

Die Deutsche Bibliothek verzeichnet diese Publikation in der Deutschen Nationalbibliografie; detaillierte bibliografische Daten sind im Internet über http://dnb.d-nb.de/ abrufbar.

Impressum:

Druck und Bindung: Books on Demand GmbH, Norderstedt Germany
ISBN: 978-3-640-12403-9

Dieses Buch bei GRIN:

http://www.grin.com/de/e-book/112813/kaliumduengung-auf-leichten-boeden

Hochschule Neubrandenburg
University of Applied Sciences

Fachbereich Agrarwirtschaft und Lebensmittelwissenschaften

Fachgebiet Pflanzenernährung

Bachelor – Studienarbeit

Thema:

Kaliumdüngung auf leichten Böden

Zum Erlangen des Akademischen Grades

Bachelor of Science in Agriculture

vorgelegt von

Martin Schneider

Neubrandenburg im Oktober 2007

Inhaltsverzeichnis

Abbildungsverzeichnis

Tabellenverzeichnis

1 Einleitung

Für jeden Landwirt sollte es eine Selbstverständlichkeit sein, dass auch in Zeiten knapper Kassen nicht am falschen Ende zu sparen ist. Es leuchtet ein, dass in einem Pflanzenbaubetrieb das größte Einsparpotential am Einsatz von Düngemitteln sparen kann. Dies sollte aber nicht dazu führen, dass das größte Kapital eines Pflanzenbaubetriebes, welches zweifelsohne die Kulturpflanzen sind negativ beeinflusst wird. Durch falsches Düngemanagement oder gar Aussetzen der Pflanzenernährung und bei gleichzeitig intensiver Nutzung durch landwirtschaftliche Kulturen, werden dem Boden Grundnährstoffe in solchem Maß entzogen, dass die Ackerpflanzen regelrecht verhungern. Diese Arbeit soll als Leitfaden für die Kaliumversorgung leichter Böden dienen und Zusammenhänge zwischen der Kaliumversorgung, Mangelerscheinungen, Krankheiten und hohen Erträgen erläutern.

2 Allgemeiner Überblick

Die Effekte der unangebrachten Sparsamkeit in Bezug auf die Düngergaben von Kalium kann man in mehrjährigen Exaktversuchen wiederfinden, denn dort wurden bereits nach drei Jahren nicht nur deutliche Differenzierungen der Kaliumbodengehalte, sondern auch Ertragseffekte sichtbar. Die Ergebnisse sind in der unten stehenden Tabelle 1 aufgeführt.

Tabelle 1: Einfluss einer Differenzierten K-Düngung auf die Entwicklung der K(DL)-Werte im Boden und den Ertrag am Standort Müncheberg (28 BP), (Quelle [38],[39])

		Erträge [dt/ha]					Gesamt
	kg K_2O	2003	2004	2005	42.003	122.005	Applizierte
Variante	ha Jahr	Silomais	Wintergerste	Winterraps	K(DL)-Gehalt	K(DL)-Gehalt	K_2O-Menge
1	-	238	60,3	43,2	9,4	7,2	-
2	40	246	60,6	39,5	9,1	7,4	120
3	80/160	269	66,5	41,7	9,9	10,5	400
4	180/240	256	67,5	40,6	8,4	12,8	660
5	180/240	274	72,5	42,9	9,7	14,3	660
6	180/240	264	72,8	43,4	10,3	14,7	660
				x =	9,5		

Die Nährstoffzufuhr über organische Düngung wird oft überschätzt. Gründe sind hier zum Einen aus teilweise deutlichen Abweichungen der Trockensubstanzgehalte im Vergleich zu Richtwerten zu suchen. Zum Anderen können Pflanzen die ungenügend ernährt sind nicht hochkonzentrierte organische Dünger zur Folge haben. Erhaltungsmaßnahmen für die Bodenfruchtbarkeit sollten bereits während der Ernte überdacht werden. Dies gilt neben der Kalkung auch für die Grundnährstoffversorgung mit Kalium. Die Stoppel- bzw. Herbstdüngung wird oft nur aus arbeitswirtschaftlicher Sicht kritisch betrachtet. Andererseits gibt es viele gute Gründe warum diese interessant und vor Allem lohnend ist. Hierzu einige Anmerkungen:

2.1 Arbeitswirtschaft

Durch die Möglichkeit der Stoppeldüngung alte Fahrgassen zu nutzen wird das Überlappen während der Düngerausbringung deutlich reduziert, der Treibstoffverbrauch gesenkt, weniger Zugkraft benötigt und die Flächenleistung erhöht. Dadurch passt die Herbstdüngung, welche im Oktober stattfindet hervorragend in den Arbeitsablauf eines landwirtschaftlichen Betriebes. Das Befahren der Flächen im Herbst ist bodenschonender als im Frühjahr.

2.2 Bodenart

Um eine Kaliumverlagerung im Winter in tiefere Bodenschichten zu vermeiden, sollte auf leichten Standorten der Nährstoffbedarf den Kulturen entsprechend angepasst werden. Auf schweren Böden ist es möglich die Herbstdüngung ohne gravierende Nährstoffverlagerungsverluste durchzuführen.

2.3 Höhe der Grunddüngung

Der Nährstoff-Gesamtanspruch der einzelnen Kultur ist neben der Bodenversorgung entscheidend für das Düngungsniveau. So haben z.B. Blattfrüchte (Raps, Kartoffeln, Zuckerrüben) generell höhere Ansprüche an die Kaliumversorgung als Halmfrüchte.

(Quelle: [35], [36], [37])

3 Kalidüngung kontra Auswinterung

Wiederholte Kahl- und Wechselfröste machen neben Sortenunterschieden die Nachteile schlecht entwickelter und mit Nährstoffen unterversorgter Bestände deutlich. Um sich gegen die Folgen von Kälteeinwirkungen zu schützen haben Pflanzen eigene Mechanismen entwickelt, zu denen in erster Linie der Anstieg der Ionenkonzentration im Zellsaft zählt. Verantwortlich dafür ist die Anwesenheit von Kohlenhydraten, die nur gebildet werden können, wenn die Pflanze ausreichend mit Kalium versorgt ist. Da Kalium dafür sorgt, dass stabile Zellwände ausgebildet werden und es weiterhin eine wasserregulierende Funktionen besitzt, trägt es dazu bei, dass sich die Eisbildung in die nicht so stark konzentrierten extrazellulären Zonen verlagert. Um der Pflanze einen ausreichenden Kälteschutz über den Winter zu bieten ist es von Wichtigkeit, vor Vegetationsende schnell verfügbares Kalium auf die Kultur zu geben. Früh bestelltes Getreide nimmt etwa 40 – 50 Kg K_2O/ha auf. Ab etwa 35 Bodenpunkten kann der Kalium-Gesamtbedarf im Herbst appliziert werden. Nur leichte Sand- und Moorstandorte sollten insbesondere zu Raps zweigeteilt im Herbst und Frühjahr gedüngt werden. Zu empfehlen ist hier der Einsatz von Korn-Kali (40% K_2O mit 6% Magnesium, 3% Natrium und 4% Schwefel), um auch dem Herbst-Schwefelbedarf, insbesondere beim Raps mit etwa 10-15 kg S/ha, gerecht zu werden (Quelle: [38], [39], [40])

4 Berücksichtigung der Auswaschungsverluste

Nährstoffverluste, die durch Auswaschungen verursacht werden sind wesentlich abhängig von der Niederschlagsmenge, der Bewirtschaftung sowie der Bodenart. In Mecklenburg-Vorpommern und Brandenburg sind Sandböden und schwachlehmige Sandböden am weitesten verbreitet. Auf diesen Standorten kommt es neben Sticksoff- und Schwefelverlusten in Form von Nitrat und Sulfat auch zu großen Kaliumauswaschungen, welche sich hauptsächlich dadurch erklären lassen, dass Sandböden über einen geringen Tonanteil verfügen und somit kaum Sorptionsplätze hat um Nährstoffe, insbesondere Kalium, zu binden. In der nachfolgenden Tabelle werden diese unvermeidbaren Verluste des Kaliums dargestellt. So ist auf schwachlehmigen Sandböden mit Kaliumverlusten von etwa 30 Kg/ha K_2O bei einer Niederschlagshöhe von 600 – 750 mm/Jahr zu rechnen.

Tabelle 2: Orientierungswerte unvermeidbarer Kaliumverluste in Abhängigkeit des Standortes sowie des Niederschlages (Quelle: [38])

	Verluste [kg K_2O/ha]		
	bei ... mm Jahresniederschlag		
Standort	< 600	600 -750	>750
S, Mo	30	40	50
l´S, uS	20	30	40
lS	10	15	20
Übrige	3	5	10

Darüber hinaus kommt es zu zusätzlichen Auswaschungsverlusten (dargestellt in % der ausgebrachten K_2O-Menge) durch die Herbstausbringung von wirtschaftseigenen Düngern oder Sekundärrohstoffdüngern bzw. Ernterückständen. Eine mineralische Kali-Düngung im Herbst auf leichten Standorten hätte natürlich die gleichen Folgen, entspricht aber nicht der guten fachlichen Praxis.

Tabelle 3: Auswaschungsverlusten (dargestellt in % der ausgebrachten K2O-Menge) durch die Herbstausbringung von wirtschaftseigenen Düngern oder Sekundärrohstoffdüngern bzw. Ernterückständen (Quelle: [38])

	Verluste [in % der ausgebrachten K2O-Mengen]		
	bei ... mm Jahresniederschlag		
Standort	< 600	600 -750	>750
S, Mo	30	40	50
l´S, uS	20	30	40
lS	10	15	20
Übrige	3	5	10

Bringt man z.B. 30 m^3/ha Rindergülle aus, die in etwa 200 Kg K_2O enthält, so erhält man mindestens 30 KG K_2O/ha an Verlusten in der Herbstausbringung. Die Summe der Verluste aus beiden Tabellen stellt den Gesamtverlust an K_2O/ha und Jahr dar. Bei starken Niederschlägen, wie sie im Herbst üblich sind und bei fehlender Pflanzenbedeckung ist von erhöhten Auswaschungsraten an Kalium und anderen Nährstoffen im Frühjahr auszugehen. Einen weiteren Anhaltspunkt hierfür stellen extrem niedrige N_{min}-Werte auf leichten Standorten dar, die nach Vegetationsende durch die LUFA ermittelt werden. Zu Vegetationsbeginn sollte besonderes Augenmerk auf eine ausgewogene Kaliumversorgung aller Bestände gerichtet werden. Um den Bedarf von Kalium, Magnesium und Schwefel sicher zu stellen, empfiehlt es sich eine Kaligabe von 40% K_2O, 6% MgO, 3% Na und 4% S auszubringen. (QUELLE: [4])

Tabelle 4: Ertrag und Düngereinsatz verschiedener Kulturen (Quelle: [38])

Fruchtart/Nährstoff	Ertrag [dt FM/ha]	Kalium [kg/ha]	Magnesium [kg/ha]	Schwefel [kg/ha]
Getreide	60 - 70	80 - 120	30 - 35	20 - 25
Winterraps	35 - 40	160 - 200	35 - 40	40 - 45
Kartoffel*	350 - 400	180 - 280*	40 - 45	15 - 20
Zuckerrübe	500 - 550	200 - 240	70 - 75	20 - 25
Silomais/Körnermais	450/ 80	180 - 200	60 - 70	25 - 30
Sonnenblumen	25	180 - 200	45 - 50	25 - 30
Ackerfutter/Grünland	500	240 - 280	45 - 50	20 - 25

* Bei Stärke- und Veredlungskartoffeln ausschließlich in sulfatischer Form

5 Allgemeine Grundlagen

Kalium ist für die Regulierung des Wasserhaushaltes in der Pflanze verantwortlich. Über die Konzentration von Kalium in der Blattzelle wird das Öffnen und Schließen der Spaltöffnungen gesteuert. Es wird nicht in die organische Substanz der Pflanze eingebaut, sondern ist ein freies Ion in der Vakuole einer Zelle. Daher wird schon vor der Ernte Kalium aus den abgestorbenen Blättern ausgewaschen. (QUELLE: [35], [36], [37])

5.1 Funktionen in der Pflanze

Kalium ist in der Pflanze sehr beweglich. Durch die hohe Mobilität ist Kalium fähig, den osmotischen Druck in den Stomata–Zellen des Blattes zu regulieren. Auch die Wasseraufnahme über die Wurzel wird so gesteuert. Kalium ist, genau wie im menschlichen Organismus, zur Erhaltung des elektrischen Gleichgewichtes in den Zellen wichtig. Hohe Gehalte an organischen Säuren bedingen auch hohe Gehalte an Kalium. So wird durch hohe Salzkonzentration in den Zellen die Winterfestigkeit erhöht und das Risiko von Auswinterungsschäden auf ein Minimum reduziert. Des Weiteren fördert Kalium indirekt den Aufbau und Transport der Assimilate vom Blatt in die Speicherorgane, wodurch Ertrag und Qualität zunehmen. Bei Kartoffeln wird zudem die Lagerfähigkeit verbessert. Kalium wird von der Pflanze als Kation unter Abgabe von Wasserstoffionen aufgenommen, wobei die Aufnahme ebenso von der Feuchtigkeit und der Versorgung des Bodens abhängt. Ist der Boden trocken, werden Kaliumionen am Austauschkomplex der Böden sorbiert. Kaliummangel trägt immer erst an den älteren Blättern auf, da bei Unterversorgung Kalium in jüngere Blattanlagen verlagert wird. Deshalb bieten sich Blattanalysen an, um Ernährungsprobleme der Pflanze zu erkennen. (QUELLE: [35], [36], [37])

5.2 Kalium im Boden

Gäbe es eine gleichmäßige Verteilung der Kaliumvorräte im Boden, würde dieser ausreichen, um Pflanzenbestände über Jahre hinweg ausreichend zu ernähren. Der Kaliumgehalt im Boden liegt zwischen 0,2 und 3%, was in einer Krume von 30 cm Tiefe einer Menge von 8.000 und 120.000 Kg/ha K_2O entspricht. Jedoch ist nur ein geringer Teil für die Pflanzenwurzeln erreichbar. Kalium findet man als Mineral und Salz. Es ist immer in Silikatgesteinen, wie z.B. Feldspat und Glimmer enthalten oder an Austauschplätzen von silikatischen Tonteilchen gebunden, bzw. fixiert. In organischer Substanz ist der Anteil mit < 0,1% sehr gering. Die Konzentration in der Bodenlösung schwankt zwischen 1 und 120 mg/l, bedingt durch unterschiedliche Bindungsstärke. Die Dynamik der Bodenlösung ist in großem Maße durch die Bindungskraft der Tonteilchen, auch Schichtsilikate genannt, geprägt. Entzieht die Pflanzenwurzel der Bodenlösung Kalium, wird diese durch das austauschbare Kalium wieder aufgeführt, wobei sich die schichten der Tonminerale am Rand aufweiten. (QUELLE: [35], [36], [37], [4])

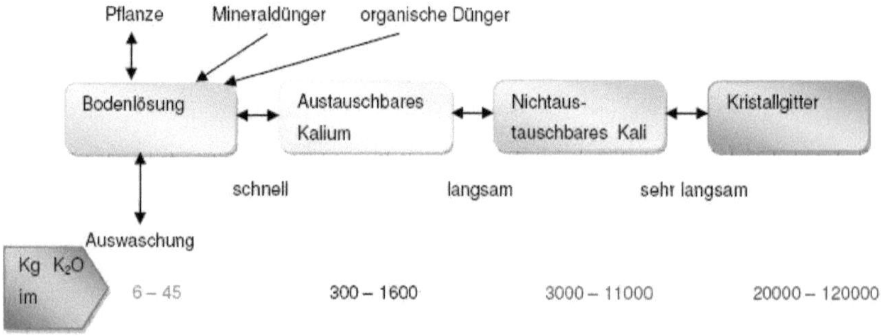

Abbildung 1 : Kaliumdynamik im Boden (QUELLE: [35], [36], [37], [38], [39], [40])

5.3 Einfluss des Bodens auf Kaliumverbindungen

Der Boden ist für die Pflanzen Lieferant und Vermittler von Nährstoffen und Wasser, aber auch das Medium, in dem die Wurzeln sich ausbreiten können. Ein tiefgründiger Standort fördert die Ausbreitungsmöglichkeiten und den Halt für den Spross. Außerdem wird dieser besser durchwurzelt als flachgründige Standorte, was zu erhöhter Nährstoffaufnahme führt. Das Angebot und die Verfügbarkeit von Nährstoffen wird von Bodenart, Bodenzustand und PH-Wert beeinflusst, wodurch es notwendig ist die Bodenstruktur so zu gestalten, dass die Wurzeln optimal wachsen können. Die Eigenschaften des Standortes gelten der Orientierung. Durch die Anordnung der Bodenteilchen und der durch ihre Zusammenlagerung gebildeten Aggregate entsteht ein Porensystem, das den Luftaustausch und die Wasserspeicherung des Bodens beeinflusst, wie in der Abbildung 1 verdeutlicht. Wurzelhaare (Durchmesser von 5 – 20 µm) breiten sich vornehmlich in den Grobporen (>10 µm) aus, über die auch der Luftaustausch zwischen Bodenluft und Atmosphäre stattfindet. In den Mittelporen (0,2 – 10 µm) wird das pflanzenverfügbare Wasser gespeichert. In den Feinporen (< 0,2 µm) ist das Wasser kapillar so fest gebunden, dass es von den Pflanzen nicht mehr aufgenommen werden kann. Mit zunehmendem Tonanteil nimmt der Anteil an Mittelporen und Feinporen zu. Die Wasserspeicherfähigkeit steigt an, der Anteil der Luftführenden Poren geht zurück. Einerseits wird die Sorption eines Bodens erhöht und andererseits die Durchlüftung und Bearbeitbarkeit verschlechtert, sowie die Durchlässigkeit reduziert. Für die Verfügbarkeit von Nährstoffen hat die Bindung an die Tonteilchen folgende Auswirkung:

- Nährstoffe werden nicht so leicht ausgewaschen
- das Potential an Nährstoffen nimmt mit dem Tongehalt zu
- die Diffusion der Nährstoffe verläuft langsamer und
- der Vorrat an gebundenen Nährstoffen puffert den Bedarf der Pflanze ab

Der Nährstoffvorrat leichter Sandböden ist insgesamt geringer, da dieser eine geringe Wasserspeicherkapazität und ein geringes Nährstoffpotential hat. Seine Vorteile liegen einzig in der leichten Bearbeitbarkeit und der guten Durchlüftung. Das

Wurzelvolumen ist aufgrund von Wassermangel reduziert. Ohne die Möglichkeit der Bewässerung, durch die sich bodenphysikalische Vorteile eines Sandbodens nutzen lassen würden, bringen diese Böden einen geringeren Ertrag und das Risiko der Auswaschungen ist in Sandböden höher als in Lehmböden. Eine der Witterung angepasste Bewässerung und Zufuhr von Nährstoffen könnten die Nachteile eines Sandbodens ausgleichen. Die Eigenschaften eines Ackers sind in der so genannten Bodenzahl zusammengefasst. Sie ist ein ungefähres Maß für die Ertragsfähigkeit. Je nach Bodentyp, Bodenart, Gefüge, Zustandsstufe, Luft – und Wasserkapazität ordnet man einem Boden eine Zahl zwischen 0 und 100 zu, die dessen Ertragspotential kennzeichnet. Schwarzerden, wie in der Magdeburger Börde, erzielen Bodenzahlen zwischen 80 und 100 Punkten, leichte Sandböden wie in Brandenburg und Teilen Mecklenburg-Vorpommerns erzielen gerade 30 bis 50 Punkten. (QUELLE: [3])

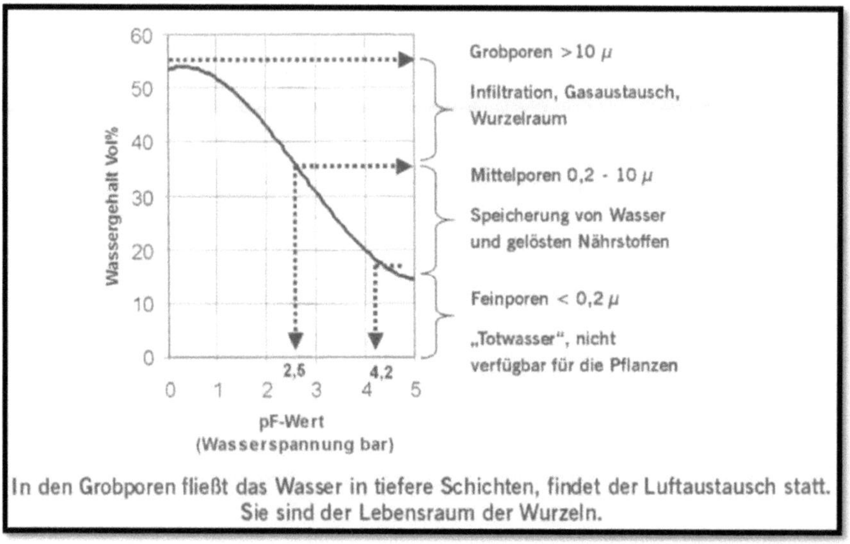

Abbildung 2: Bedeutung der Porengrößenbereiche für das Wurzelwachstum und die Nährstofflösung im Bodenwasser (QUELLE: [3], [35], [36], [37],)

5.4 Kaliumverfügbarkeit

Die Verfügbarkeit von Kalium ist von verschiedenen Faktoren abhängig:

– Kationenaustauschkapazität und Grad der Kaliumsättigung

– Bodenstruktur und Bodenart

– Wasserhaushalt des Bodens

– Kaliumgehalt in der Bodenlösung

– Anteil kalifixierender Tonminerale

– Gründigkeit des Bodens und Durchwurzelung durch die Pflanze

– Verdrängung durch Kationen wie z. B. Calcium, Magnesium und Ammonium, d. h. Aufnahmeantagonismus bei Böden mit hoher Magnesiumversorgung und ammoniumbetonter Stickstoffdüngung.

Der ausreichende Gehalt, der für die Pflanze wichtigen Kaliumversorgung wird durch den Gehalt in der Bodenlösung sichergestellt. Wie hoch die austauschbare Kalimenge ist, wird durch die Bodenuntersuchung festgestellt. Man teilt in unterschiedliche Versorgungsstufen (A bis E) ein. Um den Kaliumvorrat im Boden und in einer Fruchtfolge richtig zu bemessen, richtet man sich nach der Kulturart, die innerhalb der Fruchtfolge die höchsten Nährstoffansprüche hat. In der Regel sind dies alle Blattfrüchte, wie z.B. Kartoffeln, Mais und Zuckerrüben sowie Raps. Auf tiefgründigen Lehmböden und Lössböden findet eine geringe Kaliumauswaschung aufgrund einer höheren Kaliumfestlegung, die bedingt ist durch den hohen Anteil an Tonmineralen, statt. So kann auf schweren Böden die komplette Kaliumdüngung für die Fruchtfolge nur zur Blattfrucht gegeben werden. Die Ertragswirksamkeit der Kaliumdüngung ist auf diesen Standorten bei Zuckerrüben deutlich ausgeprägter als beim Weizen. Dieses führt man nicht auf den höheren Bedarf der Zuckerrüben an Kalium gegenüber Weizen zurück, sondern darauf, dass Gräser ein ausgedehnteres Wurzelsystem haben als zweikeimblättrige Pflanzen und deshalb das fixierte Kalium aus den Zwischenschichten der Tonminerale besser nutzen können. Bei guter

Versorgung mit Kalium im Boden kann auf diesen Standorten die Kaliumdüngung zu Kartoffeln und Zuckerrüben auch im Herbst zur Zwischenfrucht gegeben werden.

(QUELLE: [3], [35], [36], [37])

6 Kaliumvorkommen und Kaliumgewinnung

In der Natur findet man Chloride und Sulfate von Kalium. Es sind meist Doppelsalze mit Magnesium, Calcium und Natrium, die mit der Urzeit durch das Verdunsten von Salzseen entstanden sind. Unter ariden Klimabedingungen sind die Salze nach ihrer Löslichkeit ausgefallen: kalk > Gips > Anhydrit > Steinsalz > Kalisalze.

Je nach geologischem Zeitalter findet man in unterschiedlichen Schichten Kaliablagerungen. Große Lagerstätten sind in folgenden Regionen entstanden:

- Unterperm: Russland
- Zechstein: Deutschland, Texas/ New Mexiko
- Tertiär: Oberrheingraben (bereits erschöpft), Ebro – Becken, Kanada, Südpol.

Die Kalirohsalze werden bergmännisch im Grubenbau, wie in Deutschland oder durch Verdunstung, wie z. B. im Toten Meer, gewonnen und nach verschiedenen Verfahren aufbereitet:

1. Flotation: Durch Aufdüsen eines Flotationsmittels, das nur K – Chlorid umhüllt, wird der oben schwimmende Kalischaum separiert und getrocknet.

2. Elektrostatisches Trennverfahren: Die einzelnen Salze im Rohsalz haben eine unterschiedliche Ladung, die im elektrischen Feld unterschiedlich reagieren und sich somit in einem trockenen Verfahren trennen lassen. Dieses umweltfreundliche Verfahren wird ausschließlich in Deutschland angewendet.

3. Heißlösung: Man nutzt das unterschiedliche Lösungsverhalten der Kalisalze zur Separierung (QUELLE: [3], [35], [36], [37]).

7 Einfluss von Standort und Bewirtschaftung

Bei tiefgründigen Bodenarten mit der geologischen Herkunft des Röt, Keuper oder Muschelkalk, wie es Schwarzerden, Marschböden und Lössböden sind, können beträchtliche Mengen an Kalium nachgeliefert werden, dass der Entzug oft unter dem Düngeraufwand liegt. Besonders auf Moor- und Quarzböden ist natürlicher Kalimangel zu erwarten. Dasselbe gilt für Kalium-fixierte Standorte. In Fällen einer starken Fixierung bietet sich eine Meliorationsdüngung an, mit der der Sättigungsbedarf des Bodens abgedeckt werden kann, ehe man auf eine entzugsorientierte Düngung übergeht. Auch hierbei gibt es je nach Bodenart Unterschiede. Leichte Böden mit einer schwachen Sorptionskraft und oft sehr flachgründige Standorte benötigen eine Kaliummenge, die über den Abfuhren liegt. Hierdurch werden die Auswaschungsverluste ausgeglichen, die durchschnittlich zwischen 5 und 50 Kg/ha K_2O im Jahr liegen. Eine jährliche Düngung möglichst im Frühjahr ist zweckmäßig. Führt man diesem Boden kein Kalium zu, so sind sehr schnell Ertragsverluste die Folge (siehe unten stehende Tabelle 4). Über eine Fruchtfolge von sieben Jahren wird der höchste Ertrag bei 103 Kg/ha K_2O erzielt, welcher gleichzeitig das ökonomische Optimum ist. Insbesondere bestimmen die Fruchtfolge, die Bodenversorgung und die Abfuhr die erforderliche Düngermenge.

Tabelle 5: Wirkung der K2O – Düngung [Kg/ha] auf den GE – Ertrag und den Mehrerlös in einer 7jährigen Fruchtfolge, sowie auf die Veränderung der verfügbaren Kaliumgehalte des Bodens (Standort: flachgründig, sandiger Lehm, Diabasverwitterung). (Quelle: [3])

	K_2O – Düngung im Mittel der Fruchtfolge [Kg/ha und Jahr]				
	0	52	103	155	207
GE – Ertrag [dt/ha]	62,2	68,7	70,2	69,2	69,2
Mehrerlös [€/ha] *)	-	58,35	64,50	39,10	26,20
K – Gehalt im Boden [mg/100 g]					
Vor Versuchsanlage	16,0	16,0	16,0	16,0	16,0
Zum Versuchsende	5,2	10,0	12,2	18,2	20,4

**) Basisdaten: Erlös je GE: 12,50 € /dt; Kosten für Kali: 0,30€ /Kg K; Kosten für 1 Überfahrt: 10€ /ha*

Bei der Düngung von Kalium sollte der Termin auf die Bodenart ausgerichtet werden. Eine Frühjahrsdüngung ist von Vorteil, da auf leichten Böden, die über eine verringerte Sorptionskraft verfügen, die Chloridkonzentration sehr hoch ist und bei einer Düngung im Herbst ein Teil des ausgebrachten Kaliums während der Wintermonate in tiefere Schichten verlagert wird. Im Kartoffel- und Gemüsebau sollen hohe Chloridgehalte vermieden werden, da Chlorid die Qualität nachteilig beeinflusst. Während es in tonhaltigen Böden kaum zu Auswaschungen von Kalium kommt, wird in Sandböden hingegen Kalium stark verlagert. Die Auswaschungsverluste richten sich nach der Niederschlagsmenge. Niederschläge werden von Pflanzen teilweise zur Transpiration genutzt, zum Teil durch Verdunstung aus den Boden (Evaporation) an die Atmosphäre zurück gegeben. Das übrige Wasser wird im Boden gespeichert oder versickert in tiefere Schichten. Der Anteil der verdunsteten Wassermenge richtet sich nach dem Pflanzenbestand und der Lufttemperatur. Es wird geschätzt, dass in einem Wald 90% des Niederschlages verdunsten und nur 10% im Grundwasserstock ankommen. Unter Grünland werden 25% des Niederschlages zu Grundwasser und unter einem Acker 35%. Negativ an Sickerwasser ist, dass eine Vielzahl von Stoffen verlagert wird, wie in Tabelle 5 zu erkennen ist. In langjährigen Lysimeterstudien fand man für die einzelnen Nährstoffe eine unterschiedliche Verlustmenge, die durch Bodenart, Pflanzenbewuchs, Witterung und Düngungsmaßnahmen beeinflusst wurde. (QUELLE: [32])

Tabelle 6: Auswaschung und Abfuhr von Nährstoffen in landwirtschaftlichen Böden (QUELLE: [32],[34])

Nährstoffe		Mittlere Auswaschung	Mittlere Abfuhr	Bewertung, Einflüsse
Hauptnährstoffe		Kg/ha		
	N	20 bis 90	80 bis 200	Standort, Bewuchs, Zufuhr
	P_2O_5	0 bis 10	10 bis 90	Erosion, Auswaschungen
	K_2O	15 bis 40	40 bis 240	Bodenart, Zufuhr

8 Eigenschaften der Sandböden

8.1 Porenvolumen

Das Porenvolumen ist abhängig von der Korngrößenzusammensetzung der Böden, dem Humusgehalt im Boden und der Intensität und Art der vorausgegangenen Bodenbearbeitung. Zwischen dem Porenvolumen und dem Wassergehalt besteht eine enge Beziehung. Das Wasseraufnahmevermögen ist umso größer, je größer das Porenvolumen sandiger Böden ist. Mit zunehmenden Porenvolumen nehmen jedoch Wassergehalt und Festhaltevermögen der Wassers ab. In humusarmen Böden befinden sich viele Hohlräume mit Durchmessern von über 0,03 mm, welche kein Wasser festhalten sondern der Luftführung dienen. Hohlräume mit Größen von

0,03 bis 0,003 mm führen sowohl Luft als auch Wasser, auch Makrokapillare Hohlräume genannt. Lehmige und humose Sandböden und auch alle Lößlehmböden besitzen einen besonders hohen Anteil an diesen Porengrößen, jedoch sind Hohlräume, welche für das Festhaltevermögen des Niederschlagswassers und die Steighöhe des Grundwassers von Bedeutung, sind nur in geringer Menge vorhanden. In solchen Hohlräumen, die mikrokapillarer Größe sind, befinden sich das pflanzenverfügbare und frei bewegliche Wasser, das sich im Gleichgewicht zwischen der Gravitation und den kapillaren Kräften befindet. Durch Bodenbearbeitung, wie beispielsweise Pflügen wird der Anteil der nicht wasserhaltenden Poren vergrößert, wodurch die Wasserhaltefähigkeit vermindert wird. Die Menge an wasserführenden Mikro- du Makrokapillaren ist bei guten, sandigen Böden, mit gutem Strukturzustand wesentlich höher. Die Masse der nicht kapillaren Hohlräume des Bodens stellen Lücken zwischen den dichtgepackten Sandkörnern dar. Um ein Bodenprofil zu erstellen sind die Porenvolumenwerte des Untergrundes von Wichtigkeit, da ein kiesiger Untergrund in etwa 1,5 m Tiefe eine schnellere Abführung des Sickerwassers bewirkt, als ein lehmiger Untergrund. Der kiesige Untergrund entwickelt eine förmliche Saugwirkung. Auf reinen Sandböden sind Porenvolumen–Bestimmungen praktisch ohne Aussagekraft. Erst auf qualitativ guten Standorten gewinnen diese Bestimmungen an Wichtigkeit. (QUELLE: [30])

8.2 Nährstoffhaltevermögen

Sandige Ackerböden besitzen im Gegensatz zu tonigen Böden ein eingeschränktes Nährstoffhaltevermögen, welches von der inneren Oberfläche des Bodens abhängig ist und mit zunehmender Korngröße abnimmt. Bedeutsam ist das chemische Haltevermögen für verschiedene Nährstoffe am Bodensorptionskomplex. Die gesamte Menge der sorptiv gebundenen Basen wird als S – Wert bezeichnet. Die totale Sorptionskapazität oder Umtauschkapazität (d.h. einschließlich des H+ - Ions) wird durch den T – Wert ausgedrückt. Das Nährstoffhaltevermögen wird aus der sorptiv gebundenen Gesamtmenge positiv geladener Ionen zum Zeitpunkt der Untersuchung abgeleitet. Auf humosen sandigen und besseren Böden liegt der T – Wert bei etwa 7 mval je 100 g Boden, auf humusarmen Sandböden bei 3 bis 4 mval je 100 g Boden. Auf guten, lehmigen Sandböden fällt der Humus mit etwa 60 % und weniger ins Gewicht, während die Sandböden zu mehr als 70% vom organisch gebundenen Kohlenstoff abhängig sind. Diese Tatsache lässt vermuten, dass das Nährstoffhaltevermögen vor allem durch die Höhe des Humusgehaltes bedingt ist. Der Humus und die Feinerdteilchen des Bodens sind negativ geladen und in der Lage positive Kationen an sich zu binden. Umso geringer das Nährstoffhaltevermögen ist, desto höher sind die Auswaschungsverluste. Jährlich macht das eine Auswaschung von 20 – 40 Kg/ha K_2O. Hinzu kommen die Nährstoffe, welche durch die Ernte abgefahren werden und die durch die Ausbringung von Stallmist kaum aufgefangen werden können. Die schlechtere Verwitterung auf Sandböden im Gegensatz zu besseren, lehmreicheren Böden ist nur ein Grund dafür. Man kommt zu dem Schluss, dass der Nährstoffbedarf durch mineralische Düngung ausgeglichen werden muss. Je feuchter das Klima ist und umso grobkörniger der Boden, desto größer sind auch die Nährstoffverlußte durch Auswaschung. Gegen unnötige Auswaschungen von Pflanzennährstoffen schützt regelmäßige Kalkung. Die Höhe der Verluste richtet sich bei Stickstoff, Kalk und Magnesium nach dem Gehalt des Bodens an diesen Nährstoffen. Je höher deren Gehalt im Boden, desto größer auch der Verlust. Bei Kalium trifft dies erst dann zu, wenn der Bodenvorrat so groß ist, dass selbst dreijährige Unterlassung der Kalidüngung bei keiner Kultur zu Ertragsrückgang führt. Folge dieser großen Verluste an Kalium, Kalk und Magnesium durch Auswaschungen ist, dass Sandböden häufiger in kleineren Mengen gedüngt werden müssen, da diese ansonsten vollkommen verarmen. Demnach ist es nicht empfehlenswert eine Vorratsdüngung auf Sandböden zu praktizieren. Eine verstärkte Auswaschung an Kalium tritt bei starker Magnesium– und Kalkdüngung auf. Andersherum erhöht übermäßige Kalidüngung die Auswaschungsverluste von Magnesium und teilweise auch Kalk, da deren Kationen gegenseitig austauschbar sind. (QUELLE: [29], [28], [27], [26], [25], [24], [23])

8.3 Bodenertragsleistung, Bodenertragsfähigkeit und Bodenfruchtbarkeit

Für die Begriffe Bodenfruchtbarkeit und Bodenertragsleistung gibt es in der Literatur mehrere verschiedene Definitionen. (Quelle: [22], [21], [20], [13], [19]) Bei der Definition beider Begriffe sollte man sich an in der Praxis eingebürgerte Vorstellungen halten. Diese Vorstellungen besagen, dass die Bodenertragsleistung mit dem durchschnittlichen Ertragsniveau des betreffenden Bodens gleichzusetzen ist. (QUELLE: [17])

Jährliche Abweichungen des Standortklimas, der Dünung, Fruchtfolge und Bearbeitung sind stark wechselnde Einzelwirkungen, welche mit in die Ertragsleistung eingehen, während die Bodenfruchtbarkeit als ein relativ gleichbleibender Faktor zu sehen ist, dessen jährlicher Wirkungsgrad sehr verschieden sein kann sowie schwierig zu quantifizieren ist. Neben dieser „natürlichen“ Bodenertragsleistung gibt es noch die „potentielle“ Bodenertragsfähigkeit, die die höchstmögliche Leistungsfähigkeit des betreffenden Standortes bei optimalem Zusammentreffen aller Wirkungsfaktoren kennzeichnet. (QUELLE: [17]) Die sandigen Böden sind durch vorangegangene ackerbauliche Maßnahmen meistens in ihrer Ursprünglichkeit zurückgegangen. (QUELLE: [17])

9 Düngung auf sandigen Ackerböden

Halten wir fest, dass das Sorptionsverhalten von sandigen Ackerböden zwar sehr gering ist, aber immer noch so groß, dass bei laufender Düngung in der Fruchtfolge den Pflanzen ausreichend Nährstoff zur Verfügung steht. (Quelle: [13])Das einmalige Aussetzen der Kaliphosphatdüngung führt bei verarmten Böden zu Minderertrag. Kaum etwas spricht dagegen, dass man nach einer Aufbesserung der Böden, bezüglich des Nährstoffgehaltes beim Kalium in etwa zweijährigen Abständen düngt und von einem strikten Rhythmus der Düngung zu jeder Kultur abgeht. Für Böden, die im lehmigen Untergrund Lehmschichten oder andere Filterschichten besitzen, gilt dies besonders. Da Kali im Boden in mobiler Form vorliegt, soll auf humusarmen Sandböden die Kalidüngung beibehalten werden. Die Höchstgaben sollen maximal bei 100 Kg/ha Rein-K_2O liegen, da es sonst zu einer gestörten Magnesiumaufnahme kommen kann und die Auswaschungsverluste zu groß werden. Gründe für die Fruchtfolgedüngung mit Kalium auf besseren Böden sind:

- Verringerung der Abwanderungsgeschwindigkeit des Kaliums in tiefere Horizonte sowie die Vertiefung der Ackerkrume durch eine gesündere Ackerkultur
- Je tiefer und humoser die Ackerkrume ist, desto höher darf der Einsatz der Düngemittel sein

Sandboden kann bis zu 1,5 m Tiefe etwa 150 mm Niederschlagswasser speichern, lehmiger Sand sogar schon über 200 mm. In den meisten Sandgebieten fällt eine große Wassermenge, in der Nährstoffe gespeichert werden können, nur sehr selten an, da der größte Teil der Niederschläge von Pflanzen verdunstet wird. (QUELLE: [15]) Von *Albrecht, D., Marquardt/ Potsdam*, wurden umfangreiche Bodenuntersuchungen unter Obstanlagen angestellt, aus denen sich in Tiefen bis über 1,2 m keine bis verschwindend geringe Anreicherung der tiefen Bodenhorizonte mit Kali und Phosphorsäure ableiten ließen; nur die stärker sorptionsfähigen Schichten zeigten geringfügig höhere Werte an. (QUELLE: [15]) Zwei Faktoren dürfen nicht übersehen werden, wenn es zu einer geringen Anreicherung gekommen ist. Zum Ersten, dass die bisher durch Düngung verabreichte K_2O-Menge gerade mal in der Lage war, den Entzug durch die Pflanze zu decken und zum Zweiten könnte es möglich sein, dass das Kalium auch in Schichten von über 3,5 m Tiefe ausgewaschen wird, was bei Niederschlagsmengen unter 600 mm/Jahr eher unwahrscheinlich erscheint, da bis zu 2,5 m Tiefe auch bei sandigen Böden bereits über 300 mm Feuchtigkeit gespeichert werden können und deshalb bei langanhaltenden Niederschlägen kein Abfluss möglich ist. Ohne Zweifel wird auf sandigen Böden ein gewisser Teil des Kaliums in tiefere Schichten verlagert, was aber nicht immer mit vollständigem Verlust des Kaliums einher gehen muss, sondern nur eine verringerte Aufnahme bedeutet, denn es bleibt zum größten Teil im Wurzelbereich der Kulturpflanzen. Man kann also auch bei der Kaliumdüngung das Resümee, dass auf vielen besseren, sandigen Böden eine Düngung in zweijährigen, eventuell dreijährigen Abständen ausreichen wird, ohne ein gravierenden Ertragsrückgang erwarten zu müssen. Die Voraussetzung ist auch hier eine tiefe Ackerkultur zu schaffen und die Beseitigung von Bodenverarmungen. Im Vergleich ist die Kalkauswaschung noch geringer als die des Kaliums. Üblicherweise findet die Kalkdüngung in größeren Abständen statt, jedoch ist der Zeitraum bis zur Wiederkehr auf Sandböden meist zu groß. Nach dem Kalk – Kali – Gesetz, steigt die Auswaschung des einen Nährstoffes an, wenn der andere im Überfluss vorliegt. Auf Heidesandböden wurde von *Köhnlein, J., Knauer, N., 1958* in Versuchen festgestellt, dass nach starker Kalidüngung und dem Anstieg des PH-Wertes nach starker Kalkung die Auswaschung von Kalium und Kalk beträchtlich zunahm. Kalium und Kalk sollten wegen ihrer antagonistischen Wirkung (die beiden stehen in Interaktion zueinander) möglichst nicht gleichzeitig verabreicht werden. Die Sorptivkräfte eines Sandbodens sind nämlich kaum ausreichend um beide Nährstoffe in hoher Konzentration zu binden. Ziel ist es, bei beiden Nährstoffen eine geeignete Fruchtfolgedüngung zu kreieren. Ob nun auch die Kalkung alle zwei Jahre, zwischenzeitlich zur Kalidüngung, oder nur alle vier Jahre gegeben werden muss, kann nicht endgültig gesagt werden. Auf reinen, sehr schwach humushaltigen Sandböden ist zweijährliche Kalkung sicher besser. Auf besseren, vor allem auch humoseren Sandböden wird drei- bis vierjährlich genügen. (QUELLE: [15],[13])

Tabelle 7: Düngeempfehlung von Kalium, Magnesium und Schwefel, bezogen auf ausgewählte Kulturen (QUELLE: [40])

Fruchtart/Nährstoff	Ertrag [dt FM/ha]	Kalium [kg/ha]	Magnesium [kg/ha]	Schwefel [kg/ha]
Getreide	60 - 70	80 - 120	30 - 35	20 - 25
Winterraps	35 - 40	160 - 200	35 - 40	40 - 45
Kartoffel	350 - 400	180 - 280*	40 - 45	15 - 20
Zuckerrübe	500 - 550	200 - 240	70 - 75	20 - 25
Silomais/Körnermais	450/ 80	180 - 200	60 - 70	25 - 30
Sonnenblumen	25	180 - 200	45 - 50	25 - 30
Ackerfutter/Grünland	500	240 - 280	45 - 50	20 - 25

10 Anwendungszeit von Kalium–Phosphatdüngern

Die Anwendung von Kaliphosphatdüngern bietet den Landwirten einen gewissen Spielraum. Meist liegen im Boden ausreichend Kalium und Phosphorsäure in pflanzenverfügbarer Form vor, so dass der Zeitpunkt der Düngung keine große Rolle spielt. In Betrieben mit Sandböden bietet sich das Frühjahr an, um die Kalium-Phosphatdüngung in Angriff zu nehmen, da die meisten Nährstoffe während der Vegetationszeit zur Verfügung stehen müssen. Hierin liegt im Gegensatz zur Herbstdüngung ein großer Vorteil. Das organisch gebundene Kali im Stalldung wird zu etwa 70% von den Nachfrüchten ausgenutzt (MITSCHERLICH, E. A., 1954) und es ist anzunehmen, dass das aus Ernterückständen wurzelreicher Kulturen mineralisierte Kalium eine gut ausnutzbare langsam fließende Nährstoffquelle darstellt. Jeder Betrieb sollte die Anwendungszeit der Düngemittel auch nach arbeitswirtschaftlichen Aspekten festlegen. (QUELLE: [11], [10], [1])

11 Düngerbedarf

Der Bedarf an Kalium richtet sich nach Bodenversorgung und dem Bedarf der Fruchtfolge bzw. der einzelnen Kulturen. Jede Bodenart hat ihre individuelle Speicherkapazität, die in Einklang mit den Anbaukulturen gebracht werden muss. Bodenuntersuchungen helfen bei der Bestimmung der Düngermengen, um einen Optimalertrag zu erzielen. Hier spielt auch die Abfuhr des Erntegutes ebenso eine Rolle, wie die Berücksichtigung von Verlagerungen und Fixierungen. Der Düngerbedarf lässt sich genau durch langjährige Feldversuche auf verschiedenen Standorten feststellen. Rechnerische Düngebilanzen können nur Anhaltspunkte liefern, da sie viele Faktoren der Kaliumverfügbarkeit nicht genügend berücksichtigen. Zur zeit des stärksten Massenwachstums während der vegetativen Phase ist der Kaliumbedarf am höchsten. Um Störungen im Schossstadium zu vermeiden, welche sich negativ auf die Qualität und den Ertrag auswirken, sollte gerade bei Getreide auf eine gute Kaliumversorgung Wert gelegt werden. Nach dem

Schossen ist der Kaliumbedarf zweitrangig zu bewerten. Bei Verteilung der Kaliumgaben muss auf die Fruchtfolge geachtet werden, denn oft steht Gerste hinten an und profitiert kaum von Kaliumgaben zu Blattfrüchten. Anzustreben ist Versorgungsstufe C. Um die Kaliumgehalte in der Gülle richtig zu bewerten, sollte vor der Ausbringung eine genaue Untersuchung von der LUFA durchgeführt werden. Oft werden die Kaliumgehalte der Schweinegülle zu hoch eingeschätzt. Desweiteren steht die Ausnutzung des Kaliums aus der Gülle in Abhängigkeit zu den Winterniederschlägen. So kann es auf leichten Böden mit hoher Wassersättigung zu hohen Kaliumverlusten kommen. (QUELLE: [4])

Tabelle 8: Düngungsempfehlungen für Phosphat und Kali [Kg/ha] in einer Fruchtfolge mit einer mittleren jährlichen Nährstoffabfuhr von 57 Kg/ha P2O5 und 61 Kg K2O/ha in Abhängigkeit von der Nährstoffversorgung des Bodens *) gerundete Werte (QUELLE: [4])

Gehaltsklasse	Versorgungs abhängiger Korrekturfaktor	Düngemittelempfehlung für			
		P	P_2O_5 *)	K	K_2O *)
E sehr hoch	0	0	0	0	0
D hoch	0 … 0,5	0 … 15	0 … 35	0 … 25	0 … 40
C optimal	0,8…1,2	20 … 30	45 … 70	40 … 60	50 … 70
B niedrig	1,0 … 1,5	30 … 45	70 … 100	50 … 75	60 … 90
A sehr niedrig	1,5 … 2,0	45 … 60	100 … 135	75 … 100	90 … 120

12 Pflanzenstress bei Kaliummangel

Das Auftreten von nicht parasitären Blattflecken, die auch Teerflecken genannt werden, ist ein stark diskutiertes Thema. Über mehrere Jahre wurde ein Zusammenhang von Kaliumunterversorgung und dem Auftreten von Teerflecken vor allem in Wintergerste entdeckt. Diese Blattflecken sind jedoch auch von Sorte, Sonneneinstrahlung, Ozongelhalten und Trockenheit sowie von Stressfaktoren abhängig. Da bei Kaliummangel generell eine erhöhte Wasserstoffperoxidproduktion sowie die Produktion von Sauerstoffradikalenstattfindet, entstehen bei hoher Sonneneinstrahlung ab dem Entwicklungsstadium BBCH 37 Verfärbungen und Nekrosen am Blattapparat. In Feldversuchen in Schleswig- Holstein wurde in den letzten Jahren ein Zusammenhang zwischen Auftreten von Teerflecken und Kaliumversorgung gefunden, der sich im Jahr 2002 auch in einem Kalium-Steigerungsversuch in Westfalen bestätigt hat. Durch den Anteil von Magnesium und Schwefel in Kornkali, welcher in diesem Versuch gedüngt wurde, konnte der Befall vermindert werden, was vermuten lässt, dass Magnesium und Schwefel ebenfalls an diesem Geschehen beteiligt sind und zu weniger Befall bei guter Versorgung führen. (QUELLE: [4])

13 Zeitpunkt der Kaliumdüngung

Wir wissen, dass eine Kalium-Frühjahrsdüngung gegenüber einer Fruchtfolgedüngung im Herbst Vorteile hat, insbesondere auf Böden, welche Kalium stark fixieren können und die den darauf wachsenden Pflanzen kaum pflanzenverfügbares Kalium anbieten können. Der Hauptgrund, der für eine Frühjahrsdüngung spricht ist dieser, dass Kaliumdünger nur sehr langsam im Boden fixiert werden kann und deshalb länger pflanzenverfügbar ist. Auf tonreichen Böden hängt die Verfügbarkeit des fixierten Kaliums, besonders im Getreidebau, von der Durchwurzelbarkeit und der Struktur des Bodens ab. Bei Getreide wirkt sich schlechte Kaliumversorgung und Kaliumaufnahme auf das Wachstum der Wurzelsysteme besonders aus, während der Spross sich normal schnell entwickelt. Bei einer schlechten vegetativen Entwicklung der Getreidepflanzen mit einer sichtbaren Aufhellung des Grüns am Blattapparat, ist von Kaliummangel auszugehen. Dies kann auch an zu niedrigen Bodentemperaturen und schlechter Bodengabe liegen, bei denen Kalium schlecht verfügbar ist. Deutlich seltener tritt diese Problematik bei gut strukturierten Tonstandorten auf, die mit ausreichender organischer Substanz und gesundem PH-Wert geführt werden. Zudem sollten Flächen schonend befahren und mit angepasster Bodenbearbeitung bewirtschaftet werden. Auch zu einem späteren Düngetermin im Schossen mit 40er Kornkali ist es noch möglich, die vegetative Entwicklung und die Kaliumgehalte stark zu verbessern. Gleichzeitig können auch Mangelsymptome von Schwefel mit Kornkali repariert werden, die auf kalten Böden häufig auftreten können. Durch immer wiederkehrende und stärker werdenden Niederschlägen kann auf Kaliumdüngung nicht verzichtet werden, da die Bodenwerte sonst rapide abfallen. (QUELLE: [4])

14 Fruchtfolge und Kaliumdüngung

An der folgenden Fruchtfolge soll erläutert werden, welche Ansprüche die einzelnen Kulturpflanzen hinsichtlich der Fruchtfolge, der Düngergabe und des Bodens haben. Es handelt sich speziell um Kulturarten, die auf leichten Böden relativ hohe Erträge erzielen können.

Fruchtfolge:

- Bokharaklee/ Weißer Steinklee
- Kartoffeln
- (Lupine)
- Winterroggen
- Winterroggen/ Wintergerste
- Winterroggen

(QUELLE: [9])

14.1 Bokharaklee/ Weißer Steinklee

Bokharaklee ist wegen seiner ausgezeichneten Vorfruchtwirkung und seines hohen Vermehrungskoeffizienten auf allen Böden und Lagen als Gründüngungspflanze empfehlenswert und zwar vornehmlich als Zwischenfrucht. Besonders Böden mit Ackerzahlen ab 20 sind zum Anbau als Futterhauptfrucht bestens geeignet. Weiche

Sande gleicher Bonität bieten sich nicht besonders an. Ist der Kalkgehalt des Bodens hoch genug und der PH- Wert über 5,8, kann Bokharaklee als Hauptfrucht angebaut werden. Voraussetzung ist aber, dass der Sandboden über wasserhaltende Schichten im Untergrund verfügt. Jedoch ist Bokharaklee futterbaulich auf armen Böden ohne große Bedeutung. Im März erfolgt die Aussaat mit 25 bis 30 Kg/ha, welche vorzugsweise als Drillsaat unter Winterroggen ausgebracht wird. (QUELLE: [16]). In feuchteren Lagen können zusätzlich 8 Kg/ ha Rotschwingel oder 12 Kg/ ha Welsches Weidelgras mit ausgesät werden, welche bei Trockenheit den Bokharaklee jedoch gefährden können, in dem sie ihm die letzten Wasserreserven streitig machen. Da die Aussaat dann in eine regenreichere Zeit fällt, ist der Anbau in frühjahrstrockenen Lagen als Zweitfrucht nach späträumenden Winterzwischenfrüchten wesentlich sicherer, beispielsweise unter Sonnenblumen. Anfang Oktober kann er leicht beweidet oder auch geschnitten werden, um im nächsten Jahr Erträge von bis zu 35 dt/ha Heu, als Hauptfrucht einbringt. (QUELLE: [16]) Bei Einsaat unter Sonnenblumen entfällt die Gefahr des Überwachsens der Deckfrucht, wie es in feuchten Jahren bei Einsaat unter Sommergetreide häufig der Fall ist. Auf zugeführte Bakterienkulturen reagiert der Bokharaklee sehr stark, so dass beim erstmaligen Anbau Saatgut – oder Bodenimpfung empfehlenswert ist. Magnesiumhaltige Kali – und Phosphatdünger sind zu bevorzugen. Auf Flugsanden hat sich zeitige Bokharakleestopplsaat als Blanksaat unmittelbar nach der Düngung mit 6 bis 8 dt/ ha Kainit bewährt. Wo der Boden zu sauer ist, ist eine Kalkung zur Vorfrucht notwendig, jedoch können auch 15 bis 25 dt/ ha kohlensaurer Kalk als „Keimbettkalkung“ unmittelbar vor der Bokharakleeaussaat eingeeggt werden. (ZITAT, QUELLE: [5], [16]) Ackergräser und Kleegrasgemische erbringen ertragreiche und hochwertige Grundfutterleistungen. Insbesondere in Grenzlagen erbringen sie sichere Erträge, da sie nicht so empfindlich gegenüber kühleren Temperaturen reagieren. Durch entsprechende Arten- und Sortenwahl können sie gut an unterschiedliche Standortbedingungen und Nutzungsformen angepasst werden. Das große Ertrags- und Qualitätspotential kann jedoch nur ausgenutzt werden, wenn der hohe Nährstoffbedarf abgedeckt wird. (ZITAT, QUELLE: [5], [16])

Tabelle 9: Nährstoffentzüge (QUELLE: [40])

	N	P_2O_5	**K_2O**	MgO	S
Kg/ha (bei 150 dt/ha TM)	375 – 450	120 – 160	**450 – 630**	50 – 80	35 – 50

14.1.1 Kalium - Für hohe Trockenmasseerträge

Gras und Kleegras stellen hohe Ansprüche im Bezug auf die Kaliumversorgung, jedoch werden die Kalientzüge der Gräser generell unterschätzt. Bei einem Trockenmasseertrag von 150 dt/ha und einem Gehalt von 3,0 bis 3,5% Kalium, wird in etwa 540 bis 630 Kg K_2O/ha entzogen. Nachfolgend das Schema, mit dem sich der Kaliumentzug berechnen lässt:

K_2O-Entzug =
K-Gehalt des Futters in % x dt Trockenmasseertrag x 1,2

Es ist unerlässlich, dass hohe Erträge eine angepasste Düngung unter Berücksichtigung der Aspekte für die Tierernährung erfahren. Hierzu gehören insbesondere ausgewogene Verhältnisse der Mineralstoffe zueinander. Es werden folgende Mineralstoffverhältnisse angestrebt:

Tabelle 10: Erforderliche Mineralstoffverhältnisse (QUELLE: [40])

Ca : P	**K : Na**	N : S
1,5 – 2 : 1	**20 – 40 : 1**	10 – 12 : 1

Wird kein Viehsalz beigefüttert, darf das K: Na – Verhältnis 20: 1 nicht übersteigen.

14.2 Kartoffeln

Auf leichten Ackerböden sind Kartoffeln und Roggen die wichtigsten Anbaukulturen. Durch ihre ausgesprochene Anspruchslosigkeit an Boden und Klima gedeihen sie so gut wie auf allen kulturfähigen Sandböden. Nach entsprechender Bodenvorbereitung gelten sogar leichteste Sande als kartoffelfähig. Kartoffeln stellen im Übrigen die wichtigste Intensivkultur dar. Im Durchschnitt stellen die Düngungskosten einen Anteil von circa 10 % an den Produktionsaufwendungen bzw. 5 % an den Erlösen der Kartoffelproduktion. Sorteneigenschaften, Produktionsbedingungen und Verwertungsrichtung sind die wichtigsten Entscheidungskriterien bei der Bemessung der zu düngenden Nährstoffe und nicht etwa die Suche nach Einsparungspotentialen. Wichtig ist, dass die Nährstoffe im richtigen Verhältnis zueinander ausgewählt werden. Zu Beginn der Pflanzenentwicklung wird der Blattapparat, der Assimilate in den Blättern bildet, die anschließend von dort in Form von Saccharose, nach enzymatischer Umwandlung in die Knollen verlagert und dort in Form von Stärke gespeichert werden. Blätter und Knollen konkurrieren im Entwicklungsverlauf um Assimilate. Die Anforderungen an die Qualität der Kartoffeln sind von der Verwertungsrichtung abhängig und zu differenzieren:

- Pflanzkartoffeln: Produktion gesunder Knollen (frei von Virosen) mit einer hohen Vitalität und guten Lagerfähigkeit
- Speisekartoffeln: Berücksichtigung von sorten- und geschmacksabhängigen Kriterien bei der Knollenproduktion mit einem ausgewogenen Verhältnis von Rohprotein zur Stärke, unterschieden nach dem Kochtyp fest oder mehlig
- Stärkekartoffeln: Hohe Stärkeerträge über hohe Trockensubstanz- und Stärkegehalte
- Veredlungsprodukte: Knollenproduktion mit einer Sortierung über 50 mm, 14 bis 18 % Stärke, hohen Trockensubstanzgehalten über 22 %, die möglichst unter 0,15 % reduzierende Zucker enthalten und eine geringe Neigung zur Verfärbung haben
- Die Qualitätsmerkmale im Kartoffelbau werden durch das Nährstoffangebot und die Versorgung mit solchen beeinflusst und nicht nur durch Bodengehaltsklassen und Entzugswerten. (QUELLE: [2])

14.2.1 Kaliumdüngung

Die Wirtschaftlichkeit im Kartoffelbau wird von Ertrag und Qualität bestimmt. Primärer Faktor ist der Standort und die Sorte, welche angebaut werden soll. Desweiteren muss der Landwirt dazu beitragen, dass der Bestand optimal geführt wird und qualitativ hochwertige Ware produziert wird. Die Düngung nimmt in diesem Fall eine besondere Stellung ein. Die Nährstoffe müssen zeitlich so verteilt werden, dass der zu produzierenden Verwertungsrichtung möglichst nahe gekommen werden kann. Kalium wird in großen Mengen aufgenommen. Sollte durch Kaliummangel das Laub der Pflanze zu früh absterben, so ist nicht nur der Ertrag sondern auch die Qualität deutlich in Mitleidenschaft gezogen. Eine ausreichende Kaliumversorgung fördert den Abtransport gebildeter Assimilate, die Bildung von Eiweiß und Kohlenhydraten (Zucker und Stärke) sowie eine bessere Nettoassimilation bei großer Trockenheit und hohen Temperaturen. Die Verarbeitung der reduzierenden Zucker in der Knolle wird begünstigt, so dass der Anteil an diesem fällt. Bei einem Luxusangebot an Kalium kann es zu übermäßiger Wasseraufnahme kommen, woraus niedrige Stärkegehalte resultieren können. Die Kaliumdüngung sollte sich am Kaliumentzug und der Verwertungsrichtung orientieren, wie in der Tabelle 9 ersichtlich.

Tabelle 11: Kaliumbedarf für verschiedene Verwertungsrichtungen (Zielertrag 350-400 dt/ha) (QUELLE: [40])

Verwertungsrichtung	Kalium-Bedarf bei Gehaltsklasse C
Düngungsempfehlung bei Gehaltsklasse C im Boden	150 – 250 kg K_2O/ha
Speisekartoffeln	150 %
Stärkekartoffeln	50 %
Chips-/Pommes-Kartoffeln	50 – 100 %
Pflanzkartoffeln	100 %

In Versuchen zu Kartoffeln aus dem Jahr 2003 wurde herausgefunden, dass Kalium großen Einfluss auf die Ertragswirkung hat. Auf unterschiedlichen Böden, die weitestgehend verschiedene Versorgungsstufen hatten, wurden unterschiedlich große Mengen an Kalium gedüngt. Das Ergebnis des Versuches war, dass alle Standorte, bis auf Einen, deutliche Mehrerträge von 70 bis 140 dt/ha auf Böden mit Versorgungsstufe B erzielten. Zu den höchsten Erträgen kam es durch die Düngung von K_2O in einer Höhe von 300 bis 400 Kg K_2O/ha. Ökonomisch lag man damit im Plus, das heißt, man arbeitete wirtschaftlich und zeigte den hohen Kaliumbedarf der Kartoffeln auf, der in diesem Jahr durch die Trockenheit größer war als üblich. (Siehe unten stehende Tabelle 10)

Tabelle 12: Nährstoffentzüge durch Kartoffeln (kg/ha) (QUELLE: [40])

Nährstoff	Knollenertrag (dt/ha)		
	400	500	(incl. Kraut)
N	140	175	(225)
P_2O_5	55	70	(90)
K_2O	240	300	(430)
MgO	35	45	(70)
S	12	15	(25)

Kalium sorgt nicht nur für hohe Qualität und hohe Erträge, sondern verleiht der Kartoffel insbesondere den Zellen die Fähigkeit eine gewisse Widerstandsfähigkeit zu entwickeln. Das wirkt sich positiv auf die Lagerfähigkeit der Kartoffeln sowie auf einen hohen Anteil an qualitativ guter Ware mit hohem Marktanteil aus.

Tabelle 13: Einfluss von Kalium auf Qualitätsmerkmale und den Ertrag der Kartoffel (QUELLE: [40])

Qualitätsmerkmale	Kalium
Knollenertrag	++
Stärkegehalt	+/-
Proteingehalt	+
Ascorbinsäure u. Zitronensäure	++
Kochdunkelung	++
Lagerfähigkeit	+
Geschmack	+
Widerstandsfähigkeit gegenüber:	
Beschädigungen	+
Schwarzfleckigkeit	++
Braunverfärbung	++
+ = positive Beeinflussung, ++ = sehr positive Beeinflussung, - = negative Beeinflussung	

Wie aus der Tabelle ersichtlich wird, können insbesondere Qualitätsparameter durch Kalium positiv beeinflusst werden, weshalb die ausreichende Versorgung der Kartoffel mit Kalium von großer Bedeutung für die Wirtschaftlichkeit eines Betriebes ist. Es ist erwiesen, dass Kalium im Boden beträchtlichen Einfluss auf Mehrerträge hat. Bei der Düngung eines Sandbodens mit Versorgungsstufe A bis B wurden mit Gaben von 300 Kg K_2O/ha Mehrerträge von 45 bis 65 % erzielt. Bei einer Versorgungsstufe von C waren es noch 18 % Ertragssteigerung. Auch bei der Widerstandsfähigkeit gegen Schwarzfleckigkeit zeigte Kalium eine gute Wirkung. So kam es bei Kaliumgehalten von etwa 2,2 % in den Knollen und 5 % in den Blättern insgesamt zu etwa 10 % weniger Schwarzfleckigkeit, die ebenfalls durch die Gabe von 300 Kg K_2O/ha bedingt war. Nach einer Einlagerung der Knollen von Herbst bis in das nächste Frühjahr stieg das Niveau der Schwarzfleckigkeit weiter an. Der verminderte Effekt durch zunehmende Kaliumdüngung blieb jedoch erhalten. Auf gut versorgten Böden zeigte sich ebenfalls ein positiver Effekt der Kaliumdüngung. (QUELLE: [40])

14.2.2 Veränderung der Stärkegehalte durch Kalium

Gerade für Verarbeitungskartoffeln, die zu Chips oder Pommes Frites verarbeitet werden sollen, sind mittelhohe Stärkegehalte von großer Bedeutung, denn diese werden hoch honoriert. Hier ist die Sorte, das Jahr und natürlich der Standort wieder fester Bestandteil einer erfolgreichen Ernte, die durch Kaliumdüngereinsatz noch verbessert werden kann. Denn auch Kalium hat einen enormen Einfluss auf die Bildung von Stärke der Kartoffeln. In Versuchen von 1999 und 2001 mit immer der gleichen Sorte auf einem Betrieb wurde festgestellt, dass bei Mangel an Kalium in der Versorgungsstufe B der Stärkegehalt durch eine Kaliumdüngung von 200 KG K_2O/ha in sulfatischer Form um 0,7 bis 1,4 % angehoben werden konnte, welche bei steigender Düngung wieder abfielen. Auf Versorgungsstufe C reichten 100 Kg K_2O/ha um den Stärkegehalt um 0,4 % anzuheben. Auch hier war es so, dass der Stärkegehalt bei steigender Düngung wieder abfiel. Entscheidend für die Wirtschaftlichkeit ist der Stärkegehalt pro Hektar, welcher parallel zu den Knollenerträgen verläuft. Bei einem Ertragsniveau von 85 dt Stärke pro Hektar waren 200 bis 300 Kg K_2O/ha bei Versorgungsstufe B bis C wirtschaftlich. Im oberen Bereich der Stufe C und in Stufe D ergaben nach Abzug der K-Düngerkosten 100-200 kg K2O/ha die höchsten Erlöse. (Quelle: [2])

14.2.3 Kalium gegen Schwarzfleckigkeit

Neben der verstärkten Neigung der Kartoffeln zur Schwarzfleckigkeit bei hohen Stärke- und Trockensubstanzgehalten sind Sorte, Wasserversorgung, Reifegrad, ernte- und Lagerbedingungen sowie Inhaltsstoffe der Knollen wichtige Parameter für den Befall. Mindernd dagegen wirkt eine gute Kaliumversorgung. Wie der Versuch in Kapitel 14.2.1 zeigt, sank mit zunehmender Kaliumdüngung der Anteil schwarzfleckiger Knollen um etwa 10 %. Ebenfalls wurde in diesen Versuchen beobachtet, dass die Schwarzfleckigkeit während der Einlagerung und auch nach der Einlagerung vom Herbst bis zum Frühjahr weiter anstieg. Jedoch blieb der vermindernde Effekt durch die zunehmende Kaliumdüngung erhalten, wie die Abbildung 2 zeigt. (Quelle: [2])

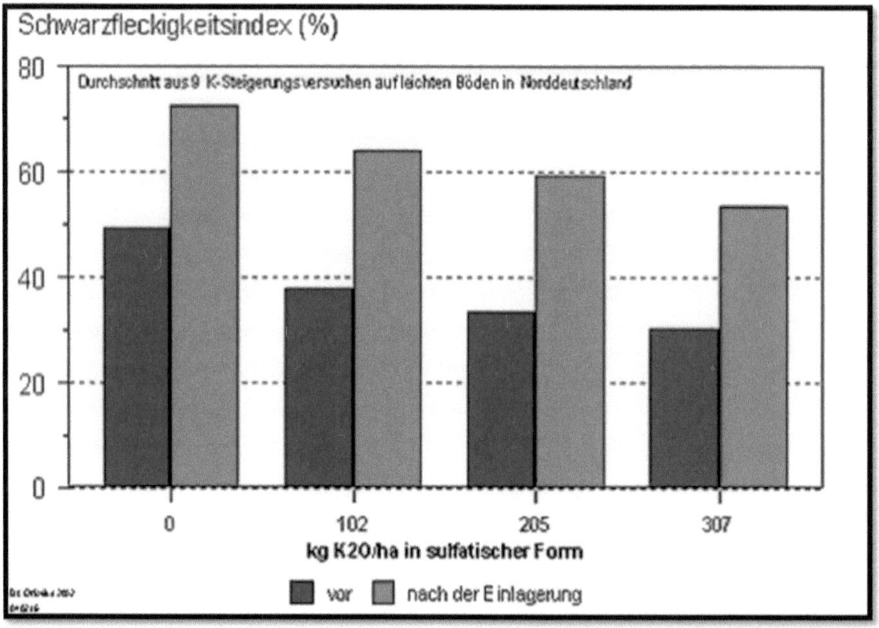

Abbildung 3: Anteil schwarzfleckiger Knollen sinkt mit steigender Kaliumversorgung (Quelle: [40]

14.2.4 Düngeempfehlung

Bei einem Ertragsniveau von 400 bis 500 dt/ha und gleichzeitig guter Qualität in Versorgungsstufe C sind je nach Verwertungsrichtung folgende Kaliummengen auszubringen:

Tabelle 14: Kalium-Mengen bei Versorgungsstufe C und Ertragsniveau von 400-500 dt/ha (Quelle: [2])

Speise/ Pflanzkartoffeln:	8 – 11 dt/ha Patentkali
Veredelungskartoffeln:	7 – 8 dt/ha Patentkali
Stärkekartoffeln:	6 – 7 dt/ha Patentkali

Patentkali mit 30% K_2O, 10% MgO und 17% S und EPSO Microtop mit 15% MgO, 12% S, 1% B und 1% Mn. Unabhängig von der Verwertungsrichtung werden 20-50 kg/ha EPSO Microtop als Blattdüngung, meist zusammen mit Pflanzenschutzmaßnahmen, empfohlen. (Quelle: [2])

14.2.5 Fruchtfolgestellung

Hauptsächlich wird die Kartoffel nach mehrjährigen Futterpflanzen oder Getreide angebaut. Sie gedeiht auch auf sandigen Böden und stellt keine hohen Ansprüche an die Fruchtfolge. Es ist jedoch nicht von der Hand zu weisen, dass eine gute Vorfruchtwirkung ertragssteigernden Einfluss auf die Kartoffel hat, gerade was tonige und sandige Böden angeht. Als beste Vorfrucht gelten Futterleguminosen, die entweder als Haupt- oder Nebenfrucht angebaut werden können. Eine weniger gute Vorfrucht für die Kartoffeln sind Körnerleguminosen, wie Körnerlupinen, da durch Kartoffeln der Stickstoffverlust durch Auswaschungen im Winter zu erwarten ist.

Dieses gilt besonders für sandige Böden. Außerdem zehrt die Kartoffel schon innerhalb des ersten Jahres die Vorfruchtwirkung der Körnerleguminosen völlig auf. Körnerleguminosen kommen höchstens auf Kartoffelgrenzböden als Vorfrucht in Frage, da sie an dieser Stelle einen Kartoffelanbau erst möglich machen. In trockenen Jahren bewahrt die Lupine die Kartoffel vor Trockenschäden, worauf bereits SCHULTZ – LUPITZ hingewiesen hat. Häufig stehen Kartoffeln in feuchteren Sandgebieten nach Schafschwingel und andren mehrjährigen Gräsern, welche unter anderem zur Samengewinnung genutzt werden. Folgen auf die Gräser stickstoffbindende Leguminosen, ist dies eine Ideale Vorfrucht für die Kartoffel. Im Durchschnitt wurden durch solche Vorfrüchte 15 % höhere Erträge erzielt als durch eine Getreidevorfrucht. Wählt man Senf oder Winterrübsen als Kartoffelvorfrucht aus, sollte man zusätzlich die Stickstoffdüngung verstärken, da diese Vorfrüchte keine stickstoffbindenden Eigenschaften besitzen. Nach Luzerne kommt auf sandigen Böden nur Kartoffelanbau in Frage. (SIMON W. UND MITARBEITER) Wegen bestehender Schorfgefahr sind Wirtschaftskartoffeln besser als Nachfrucht geeignet als Speisekartoffeln. (Quelle: [8])

14.2.6 Einfluss des Kalium auf den Knollenertrag

Bei Kaliummangel verfügt die Pflanze über eine eingeschränkte Assimilationsleistung, so dass durch Absterben des Blattapparates das Ertragspotential nicht vollständig ausgeschöpft werden kann. Durch die Errechnung des Düngerbedarfes anhand von Bodenuntersuchungen und Berücksichtigung des Bedarfs der Pflanze, lassen sich die Erträge beträchtlich steigern. Bei gleichen Kaliumgehalten im Boden werden auf mittleren Böden höhere Mehrerträge durch Kaliumdüngung gefunden als auf leichten Böden, da bedingt durch stärkere Kaliumsorption gleiche Werte eine im Vergleich zu leichten Böden niedrigere Verfügbarkeit bedeuten. Diese Tatsache sollte im Düngungsmanagement Berücksichtigung finden, da leichte Böden geringere Kaliumrichtwerte aufweisen, als mittlere Böden. Da leichte Böden nur geringe Kaliummengen aus dem Boden nachliefern können, muss die Ernährung zum großen Teil über die Düngung gesteuert und unterstützt werden. (Quelle: [2])

14.2.7 Reduzierende Zucker

Reduzierende Zucker und freie Aminosäuren reagieren während des Frittierprozesses von Frittierprodukten zu Aminozuckern, was den Chips und Pommes Frites eine unerwünschte Braunfärbung verleiht und diese einen bitteren Geschmack erhalten. Deshalb und aus dem Grund, dass der Zuckergehalt mit der Bildung von Acrylamid in Zusammenhang steht, sollen bei Pommes Frites 0,25 % und bei Chips 0,15 % nicht überschritten werden. Der Zuckergehalt kann durch Kaliumernährung gesteuert werden, wie Versuche zeigten. In diesen wurde nämlich festgestellt, dass gerade dann Kalium eine reduzierende Wirkung entfaltet, wenn der Gehalt im Bestand insgesamt relativ hoch lag. (Quelle: [2])

14.2.8 Zusammenfassung

Die Kaliumversorgung spielt in der Kartoffelproduktion eine entscheidende Rolle. Sie muss auf die Verwertungsrichtung sowie die Ertragserwartungen und die Standortverhältnisse abgestimmt werden, da die Kartoffel mit Ertragsrückgang auf Kaliumunterversorgung reagiert. Für einen Ertrag von 400 bis 500 dt/ha bei guter Qualität in der Versorgungsklasse C, sind folgende Kaliummengen auszubringen:

- Speise- und Pflanzkartoffeln:

  240 – 330 kg K_2O/ha

- Verarbeitungskartoffeln:

  210 – 240 kg K_2O/ha

- Stärkekartoffeln:

  180 – 210 kg K_2O/ha

Die Ansprüche für den Ertrag und die Qualität werden durch die Verwendung von Kaliumdüngern in sulfatischer Form in Einklang gebracht, da der Gehalt an Stärke dadurch nicht abgesenkt wird. Gleichzeitig wird das Risiko eines Befalls mit Schwarzfleckigkeit vermindert und die Lagerfähigkeit verbessert. (Quelle: [2])

14.3 Winterroggen

Roggen steht heute im Weltgetreideanbau flächenmäßig an letzter Stelle, obwohl er auf Sandböden die größte Anbaufläche aller Kulturen besitzt. Besonders Weizen und Mais haben dafür gesorgt, dass der Roggen allmählich verdrängt wurde. Da die Erträge von Roggen im mitteleuropäischen Raum höher liegen als die anderer Getreidearten, kommt er nicht nur in Form von Futtergetreide, sondern auch als

Brotgetreide in die Verarbeitungskette der Lebensmittelindustrie. Der hohe Strohanteil des Roggens macht ihn bei Tierproduzenten interessant, da sein Korn- zu –Stroh- Verhältnis bei 1:1,9 bis 1: 2,2 liegt. Bei Gerste beispielsweise liegt dieses gerade bei 1: 1,3 bis 1,6. Nach der Aussaat benötigt der Roggen kaum noch Pflege und ist deshalb günstig zu beurteilen, wenn man Aufwand und Ertrag mit denen anderer Kulturen vergleicht. Insgesamt macht ihn aber nicht nur seine Anspruchslosigkeit interessant, sondern auch seine gute Ausnutzung der Winterfeuchtigkeit auf leichten Böden. Da er als erste Getreideart ins Schossen kommt, steht ihm zu diesem Zeitpunkt natürlich noch ausreichend Winterfeuchtigkeit zur Verfügung, deren Mangel vielen Sommergetreiden schwer zu schaffen macht und der Ertrag dieser zunehmend unsicherer wird. Hafer und Wintergerste sind auf Sandböden keine Konkurrenz für den Roggen. Hafer aus Gründen seines ungünstigen Wasserhaushaltes nicht und Wintergerste wegen der zu hohen Nährstoffansprüche an den Boden. Wintergerste besitzt relativ flache Wurzeln, die bei Frösten auf Sandböden starken Schaden nehmen können. Während nach einem kühlen und feuchten Mai mit anschließender Trockenheit Rekordernten erzielt werden können, kann nach Untersuchungen von *Brouwer* schon durch hohe Niederschläge in der Blüte der günstige Einfluss einer Volldüngung völlig zu Nichte gemacht werden. (QUELLE: [5])

14.3.1 Fruchtfolgestellung

Sofern Roggen nicht nach sich selbst steht kommen auf leichten Böden hauptsächlich mittelfrühe bis mittelspäte Kartoffeln, Körnerlupinen und auch Hafer als Vorfrucht in Betracht. Körner- und Silomais passen zeitlich nicht zu Roggen und scheiden deswegen als Vorfrucht aus. Die Ausnahme sind Trockenlagen, auf denen noch eine pünktliche Roggensaat nach Silomais möglich ist. Vorfrüchte, wie Kleegras haben für Roggen keine Bedeutung. Solche Vorfrüchte sollten eher vor Kartoffeln oder Hafer bestellt werden. Auf leichten Böden ist es oft so, dass Roggen auf Roggen folgt und nur ein- bis zweijährig eine Zwischenfrucht, zum Beispiel Seradella gesät wird, denn so wird die Gefahr von Stengelbrand eingedämmt; besonders auf sehr leichten Sanden. In feuchten Jahren wird die Seradellavorfrucht eingearbeitet und dient dem Roggen als Gründüngung. Die beste Vorfruchtwirkung für Roggen hat allerdings die Lupine, da sie auf trockenen Standorten gut gedeiht und den Roggen vor Trockenschäden bewahrt, so dass kaum Ertragsschwankungen möglich sind. Ein weiterer Vorteil der Lupine ist, dass der Roggen seine Wurzeln schneller in tiefere, feuchtere Bodenschichten schieben kann, was sich noch im darauffolgendem Jahr beobachten lässt und eindeutig der Vorfruchtwirkung der Lupine gutgeschrieben werden kann. Stoppelfrüchte nach Getreide sollten nach Möglichkeit vermieden werden, weil die Roggenaussaat dann zu spät erfolgt. Andere Getreidearten sind niedriger als Vorfrucht zu bewerten als Roggen vor Roggen. Wenn möglich sollte in Roggen eine Zwischenfrucht untergedrillt werden. (QUELLE: [5])

14.3.2 Düngung

Eine Kaliumgabe kann im schneefreien Frühjahr mit der ersten Stickstoffgabe auf den abgetrockneten Bestand gegeben werden. Schon SCHULTZ – LUPITZ wies auf die große Bedeutung der Kalidüngung auf leichten Böden, besonders zu Roggen hin. Zu Winterroggen sollten 80 Kg/ha K_2O nach allen Vorfrüchten verabreicht werden, aber möglichst nicht mehr. Das entspricht 2 dt/ ha 40%igem Kali bzw. 6 dt/ ha Kainit. Kainit wird aber besser schon im Herbst gegeben. Bei einer Roggenernte von 50 dt/ ha werden dem Boden etwa 150 Kg K_2O entzogen, welche in der Grunddüngung mit berücksichtigt werden müssen und je nach Versorgungsgrad des Bodens vor der Saat auszubringen sind. (QUELLE: [7], [6])

14.4 Wintergerste

14.4.1 Kornkali im Frühjahr zu Getreide

Nach einem Winter mit zeitweise strengen Frösten sahen im Jahr 2004 einige Bestände der Wintergerste sehr mitgenommen aus. Die gut begrünten Gerstenäcker hatten dort, wo starke Fröste herrschten deutlich an Blattmasse verloren. Da die Gerste über ein schlecht entwickeltes Wurzelwerk verfügt, reagierte sie zu Beginn der Vegetation in den angestellten Exaktversuchen positiv auf eine Düngung mit Kornkali, wie Abbildung 3 darstellt. Die Ergebnisse, welche auf zwei Standorten erzielt wurden, zeigten dies mit Ertragssteigerungen bis zu 12 dt/ha an beiden Standorten (Rostock- maritim beeinflusst und Müncheberg- kontinental beeinflusst) auf eindrucksvolle Weise, obwohl nach Bodenanalyse Kalium in Gehaltsklasse C (optimal) vorlag und das Stroh der Vorfrucht Winterweizen auf dem Feld verblieb. Neben den höheren Erträgen wurde deutlich, dass nach Düngung mit Kornkali, welcher auch Magnesium und Schwefel enthielt, der Blattfleckenbefall zurück ging.

(QUELLE: [40])

14.4.2 Düngeempfehlung

Versuche belegen, dass auch bei vorliegen der anzustrebenden K-Gehaltsklasse C im Boden insbesondere bei "abtragenden Früchten" wie Gerste oder Stoppelweizen eine Kali-Düngung in Höhe von 120 - 150 kg/ha K_2O wirtschaftliche Mehrerträge erbringt und deshalb zu empfohlen ist. Besonders in Trockenphasen sowie zur Absicherung hoher Erträge hat sich der zusätzliche Einsatz von Magnesium mittels Kieserit bzw. über Blattdüngern wie Epsotop (Bittersalz) oder Epso Combitop in der Praxis bewährt (ZITAT, QUELLE: [40]).

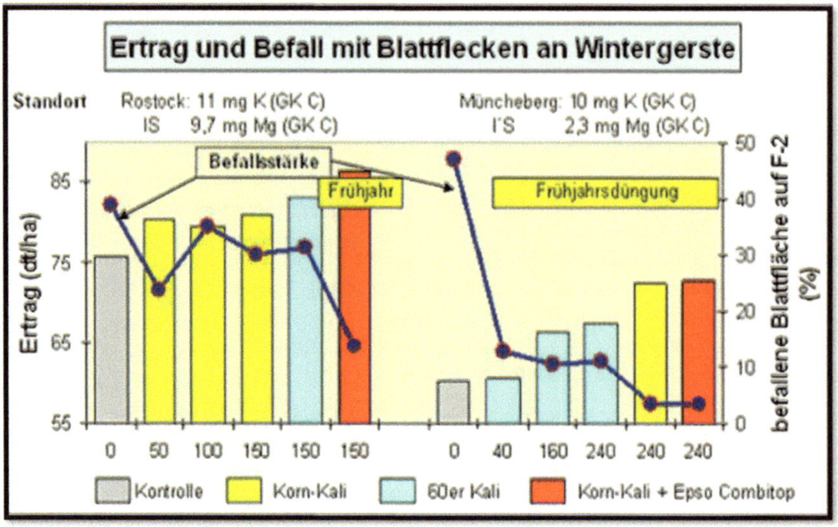

Abbildung 4: Ergebnisse Kali-Steigerung zu Wintergerste 2004 (QUELLE: [40])

14.4.3 Zusammenfassung

Einige Betriebe bringen, um Überfahrtkosten einzusparen die Kaliummenge für eine komplette Fruchtfolge auf einmal aus und übersehen dabei, dass gerade Blattfrüchte einen enormen Kaliumentzug verursachen, so dass Getreidearten wie der Gerste nicht mehr genügend Kalium zur Verfügung steht um gute Erträge zu erzielen. Auch auf fruchtbaren Böden ist ein solches Düngemanagement nicht unbedingt empfehlenswert, denn neben den hohen Entzügen der Blattfrüchte werden zwischen Ernte und Beginn der Kaliumaufnahme der Nachfrucht Teile des Kaliumvorrates ausgewaschen und in tiefere Bodenschichten verlagert. Zudem sind bei Berechnungen der Kaliumgaben auch die Höhe der Niederschläge und die Bodenart zu berücksichtigen, denn selbst auf guten Standorten ist eine drei- bis vierjährige Kaliumdüngung kaum ausreichend und nicht auf hohe Erträge ausgerichtet. Auf leichten Böden sind Mehrnährstoffdünger zu empfehlen, die im Frühjahr zu Vegetationsbeginn ausgebracht werden können und den Bedarf der wachsenden Kultur abdecken. (QUELLE: [4])

15 Anwendungsgebiete verschiedener Düngerformen

Es gibt vier Formen von Kaliumdüngern, welche in der Landwirtschaft Verwendung finden. Keiner dieser Kaliumdünger liegt in reiner Form, sondern als Mischung mit anderen Pflanzennährstoffen, wie Magnesium und Schwefel vor. Im Getreideanbau können Kalium- Chlorid, Kalium- Phosphat, Kalium- Sulfat und Kalium- Nitrat eingesetzt werden. Kartoffeln und andere Gemüse versorgt man zwar auch mit all diesen Nährstoffen, jedoch nicht mit Kalium- Chlorid, denn darauf reagieren Gemüse empfindlich. Die Ausbringung von Kalium- Nitrat und Kalium- Chlorid erfolgt auf guten Standorten meist im Herbst, weil hier nur geringe Auswaschungsverluste zu erwarten sind. (QUELLE: [39])

16 Anmerkungen

16.1 Korn-Kali zur Stoppel- und Herbstdüngung

Mit Ausnahme der reinen Sand- und Moorböden ist selbst auf leichteren Böden und bei typischen Frühjahrskulturen wie Kartoffeln, Mais, Sommergetreide und Zuckerrüben die Herbstdüngung der Frühjahrsdüngung ertragsmäßig gleichzusetzen. Die Stoppel- bzw. Herbstdüngung mit Korn-Kali 40% K_2O, 6% MgO, 4% S, 3% Na deckt den Schwefelbedarf von Raps und Getreide im Herbst und verbessert die Winterfestigkeit und Trockenresistenz der Kulturen. Für Betriebe, die keinen Kali- aber einen vermehrten Magnesiumbedarf oder einen hohen Ammoniumanteil (Gülle, Harnstoff, AHL) im Düngesystem haben, hat sich ESTA Kieserit gran 25% MgO, 20% S im Frühjahr sehr gut bewährt. Mit 1 dt/ha zu Getreide und 2 dt/ha zu Blattfrüchten wird der Magnesium- und Schwefelbedarf gedeckt. So bleiben Sie flexibel bei der N-Düngung mit preiswerten N-Einzeldüngern. (QUELLE: [38],[39])

16.2 Gründe für Kalium im Spätsommer und Herbst

- Günstiger Bezugsabschnitt
- Flexibles und preislich interessantes Düngesystem
- Gute Befahrbarkeit der Felder, geringer Bodendruck
- Kali, Magnesium und Schwefel in einem Wurf
- Freie Hand für günstige N-Einzeldünger bzw. NP-Dünger
- Fruchtfolge- oder Schaukeldüngung möglich
- Verbessert die Winterhärte und schützt vor Auswinterung
- Nebenwirkung gegen Ackerschnecken
- Wirkung gegen Trockenstress "Kali spart Regen"

Tabelle 15: Ertragszuwachs dt/ha durch Kali-Düngung im Trockenjahr 2003 gegenüber ungedüngt (QUELLE: [38])

Versuch Nr.	1	2	3	4	5	6	7	8	9
Getreide, leichte Böden	5,9	16,1	8,5	2,4	5,6	3,5	4,1	--	--
Getreide, mittlere Böden	1,9	0,3	-1,7	-1,3	4,4	1,2	1,4	4,2	3,4
Kartoffeln	68	50	143	140	95	13	92	--	--
Zuckerertrag	7	25	9	--	--	--	--	--	--

17. Literaturverzeichnis

Bücher:

1. HIRT, FERDINAND: Pflanzenernährung in Stichworten, 1991
2. DR. KRISTIAN ORLOVIUS: Kali-Düngung auf die Verwertungsrichtung der Kartoffel ausrichten, Kartoffelbau Heft 1/2, K+S KALI GmbH, Kassel 2003
3. KNITTEL, HARRY UND ALBERT, ERHARD: Praxishandbuch Dünger und Düngung, Agrimedia, 2003
4. SCHULZE EILFING, FRANZ: RCG Münster, Getreide Magazin, Kaliumdüngung im Getreide neu überdenken, 2002
5. SIMON, WILHELM: Sandige Ackerböden, Bodenkunde Pflanzenbau Ökonomie, VEB Deutscher Landwirtschaftsverlag, 1960
6. SCHULTZ – LUPITZ: Zwischenfruchtbau auf leichtem Boden, Berlin 1895
7. SCHULTZ – LUPITZ: Über die Bewurzelung der landwirtschaftlichen Kulturgewächse und deren Bedeutung für den praktischen Ackerbau. Jahrbuch der Deutschen Landwirtschafts- Gesellschaft, Teil II, Nr.6/1891
8. SIMON W. UND MITARBEITER: Unveröffentlichte Versuchsprotokolle der Abteilung Pflanzenbau des Institutes Müncheberg der DAL
9. FREYER, BERNHARD: Fruchtfolgen, Konventionell Integriert Biologisch, Ulmer Verlag, 2003
10. MITSCHERLICH, E. A.: Bodenkunde, P. Parey, Berlin 1954, 7. Auflage
11. ARLAND, A.: Die Anwelkmethode im Dienste des Landbaues, VEB Deutscher Verlag der Wissenschaften, Berlin 1955
12. KÖHNLEIN, J.: Futterbau und Bodenfruchtbarkeit, 9. Sonderheft zur landwirtschaftlichen Forschung, S. 20- 31

13. KÖHNLEIN, J.: Ertragssteigerung, Nährstoffbilanz und Untersuchungsergebnis in statistischen Feldversuchen mit steigenden P_2O_5- und K_2O- Gaben, Acker- und Pflanzenbau, Nr.104/1957, S.229- 256

14. KÖHNLEIN, J., KNAUER, N.: Wasser- und Nährstoffbewegung aus der Ackerkrume in den Unterboden, Pflanzenernährung Düngung Bodenkunde, Nr. 81/1/1958, S. 1- 28

15. ALBRECHT, D., MARQUARD B. POTSDAM: Auszug aus: (Simon, Wilhelm) Sandige Ackerböden, Bodenkunde Pflanzenbau Ökonomie, VEB Deutscher Landwirtschaftsverlag, 1960

16. BARTELDT, F.: Userin bei Neustrelitz Auszug aus: (Simon, Wilhelm) Sandige Ackerböden, Bodenkunde Pflanzenbau Ökonomie, VEB Deutscher Landwirtschaftsverlag, 1960

17. SCHULTZ, K. R.: Neue Wege zu einem erfolgreichen Schafschwingelanbau, Der Dorfreporter, MTS- Severin, August 1958

18. SCHULTZ, K. R.: Mecklenburgische Dorfchronik (von der Eiszeit bis zur Gegenwart), Deutscher Bauernverlag, Berlin 1958, 2. Auflage

19. SCHEFFER. F, LIEBEROTH, I.: Bodenfruchtbarkeit und Bodenertragsfähigkeit, Bodenfruchtbarkeit II, 10. Sonderheft zur landwirtschaftlichen Forschung, S. 1- 7

20. KLAPP, E.: Über die Bodenfruchtbarkeit im Lichte unserer Erfahrungen, Vortragsreihe, 6. Hochschultagung der landwirtschaftlichen Fakultät, Bonn 1952

21. BOGUSLAWSKI, E. V.: Die Bodenfruchtbarkeit und ihre experimentelle Erforschung, Sixieme Congres de la Science du Sol, Paris 1956, IV/54, S. 371 bis 378

22. BERNSTORFF, CH.: Probleme der Bodenfruchtbarkeit in der neuen Literatur, Bodenfruchtbarkeit II, 10. Sonderheft, S. 82- 123

23. BATES, T. E.: Was ist über die N- Auswaschung bekannt, Ref., landwirtschaftliches Zentralblatt – Pflanzliche Produktion, Nr. 1, 1957, S. 605

24. TEIPEL, R.: Das Ausmaß der Strukturschäden auf verschiedenen Böden Thüringens untersucht an 140 Profilen, Die Deutsche Landwirtschaft, Nr. 12/1952, S. 305- 311

25. SCHACHTSCHABEL, P.: Die optimale Bodenreaktion im Kartoffelbau, Der Kartoffelbau,Nr.1/1956, S. 4- 5

26. RAUHE, K.: Untersuchung über die Wirkung von Stallmist und Mineraldüngung auf Landsberger- Gemenge und nachfolgend Kartoffeln bei verschiedenen Schnitt- bzw. Pflanzzeiten, Acker- und Pflanzenbau, Nr.102/2/1956, S. 209-226

27. RÜPRICH, W.: Die Bärenroder Aufstallung, Die Deutsche Landwirtschaft, 11/1958, S. 542ff.

28. SIEBERT, H.: Der Einfluss von steigenden Stickstoffgaben auf Ertrag und Güte einiger Zwischenfrüchte, Landwirtschaftliches Jahrbuch 87/1939

29. PETER, H., MARKERT, S.: Untersuchungen über die Adsorption von Farbstoffen an Mineralböden und deren Beziehungen zur Sorptionskapazität, Zeitschrift für landwirtschaftliches Versuchs- und Untersuchungswesen, Nr. 75/1/1955, S. 11- 25

30. LAATSCH, W.: Dynamik der mitteleuropäischen Mineralböden, Verlag v. Th-Steinkopf, Dresden- Leipzig, 4. Auflage, 1957

31. JÜRGENS-GSCHWIND UND JUNG, J.: Ergebnisse von Lysimeteruntersuchungen in der Großanlage Limburgerhof, Mitteilungen für den Landbau 1/77, 1977

32. JÜRGENS – GSCHWIND UND JUNG, J., 1977 UND DRESSEL ET AL. 1989

33. DRESSEL, J., JUNG, J.: N- Studies of the behavior of fertilizer nitrogen in three different soils (Lysimeter trials), J. Agronomy and Crops Science, 164, 1990, 217- 223

34. SCHEFFER/SCHACHTSCHNABEL/BRÜMMER: Lehrbuch der Bodenkunde, 2002

35. PANNIKOW, W. D., MINEJEW, W. G.: Boden, Klima, Düngung und Ertrag, Deutscher Landwirtschaftsverlag, Berlin, 1980, bis S. 423

36. PETER, A. VON: The economics of fertilizer use and fertilizer resources, In: Potassium Research- Review and Trends: Proceedings of the 11th Congress of the international Potash Institute, Bern: International Potash Institute, 1979, S. 479- 499

37. BRUCHHOLZ, H.: Einfluss langjähriger Kaliumdüngung auf Boden und Pflanze, - In : Kali- Mitteilungen, Sondershausen 21 (1976) Sonderheft 1, S. 2- 79

Internet:

38. HTTP://WWW.WASSERSPARENMITKALIUM.DE

39. HTTP://WWW.KALI GMBH.COM/DUENGEMITTEL/FACHINFO/BERATUNG/REG_BERATUNG.CFM

40. HTTP://WWW.KEMIRA-GROWHOW.COM/DE/EVENTSANDNEWS/KONKRET/KK11-04/